Gleiche Zahlen finden und mit jeweils gleicher Farbe ausfüllen.

← S.4

Große Ziffer mit Buntstift so oft nachschreiben, bis sie ausgefüllt ist. Gepunktete Ziffern mit verschiedenen Farben nachschreiben. Spruch zur Schreibrichtung: *Kurz auf – dann ab.*

S.4

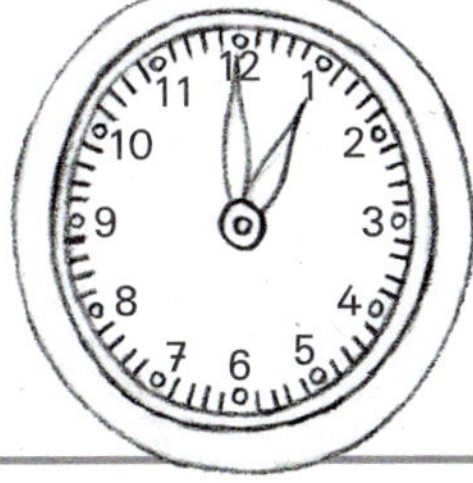

← S. 5

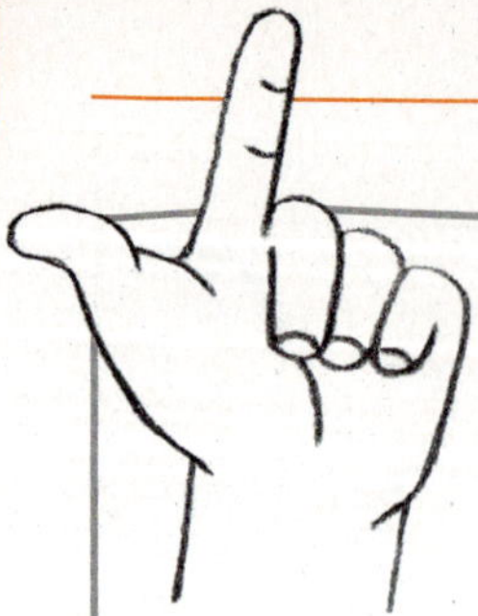

zwei

Spruch zur Schreibrichtung: *Bogen nach rechts, schräg hinunter nach links, dann nach rechts.*

← S. 5

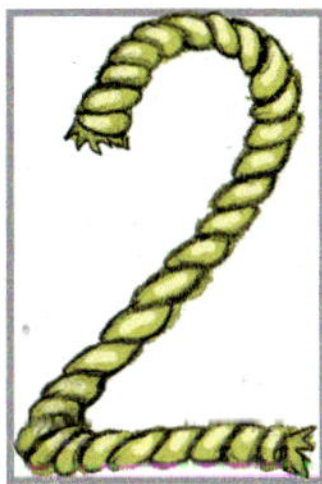

2 2  2 2 2

2 2

2 2

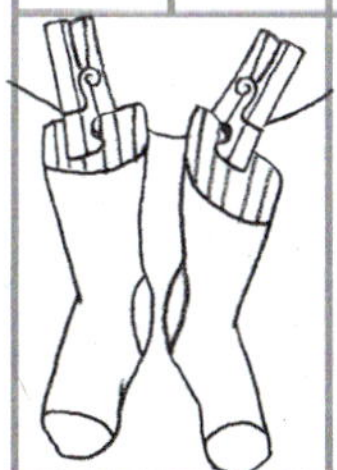 2 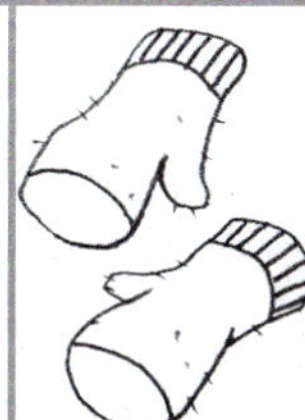

2 2

← S. 5

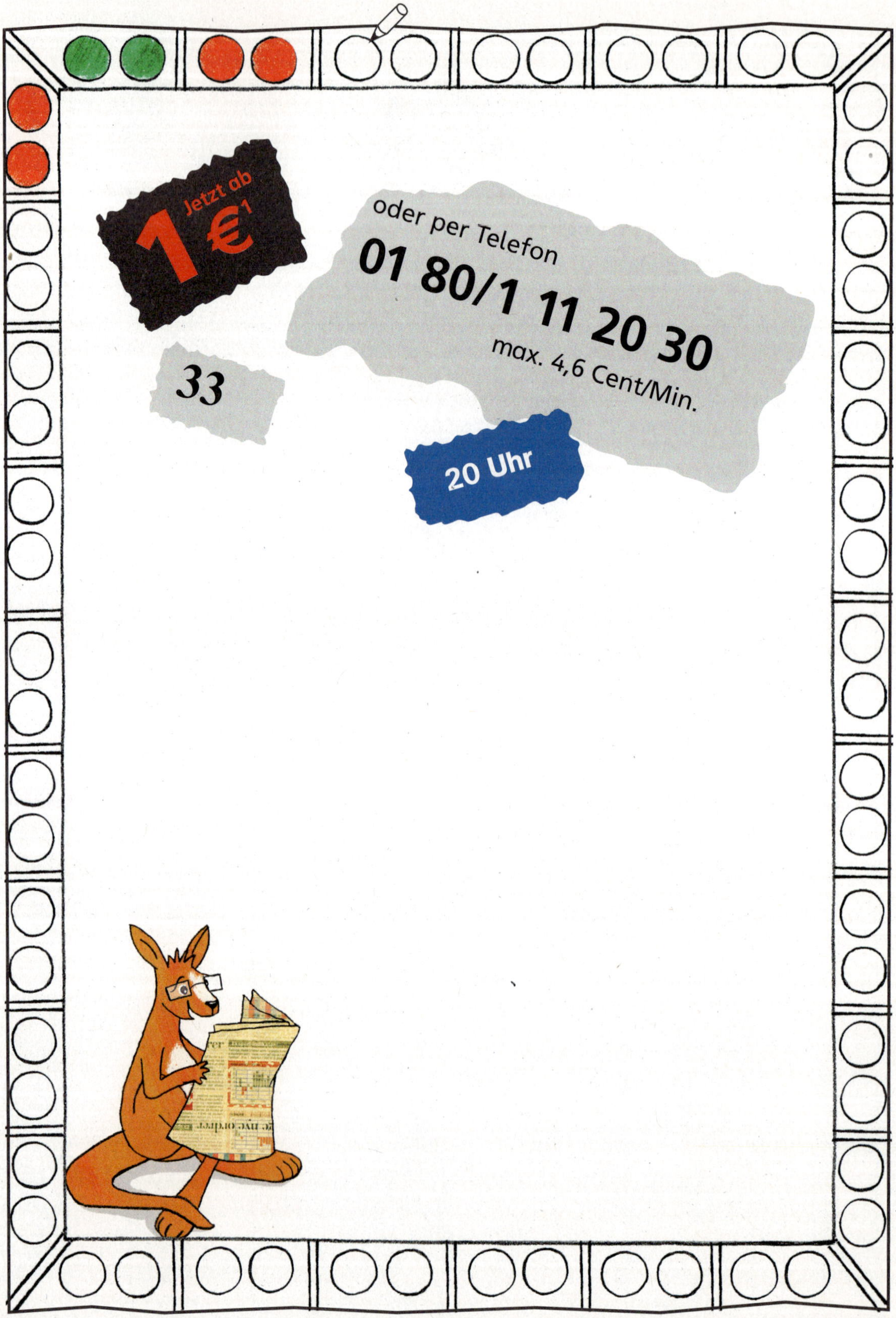

Zahlen sind überall: Ziffern in Zeitungen, Prospekten etc. suchen, ausschneiden und aufkleben. Musterrahmen fortsetzen.

← S. 5

Spruch zur Schreibrichtung: *Oben ein Bogen nach rechts, unten ein Bogen nach rechts.*

← S.5

Schneckenwege: Welche Schnecke naschte von welchem Obst?
Spuren mit verschiedenen Farben verfolgen.

← S.5

3 3

3 3 3

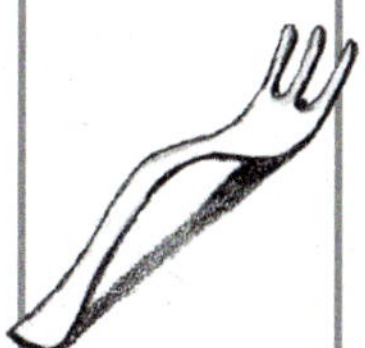

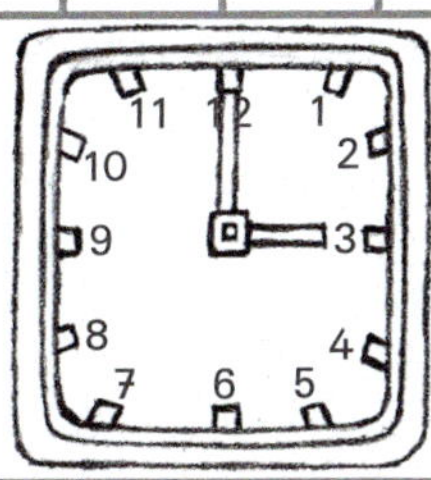

← S. 5

Spruch zur Schreibrichtung: *Leicht schräg hinunter, dann nach rechts hinüber, zum Schluss einmal drüber.*

S. 5

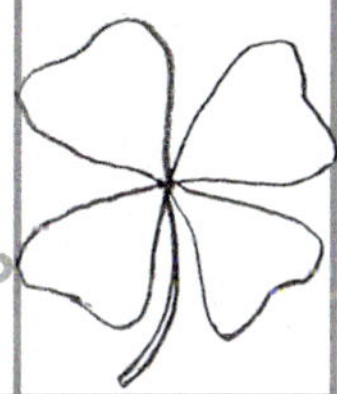

4

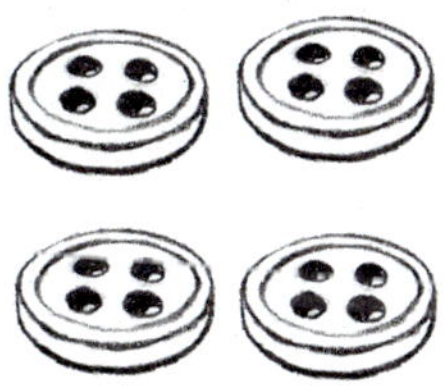

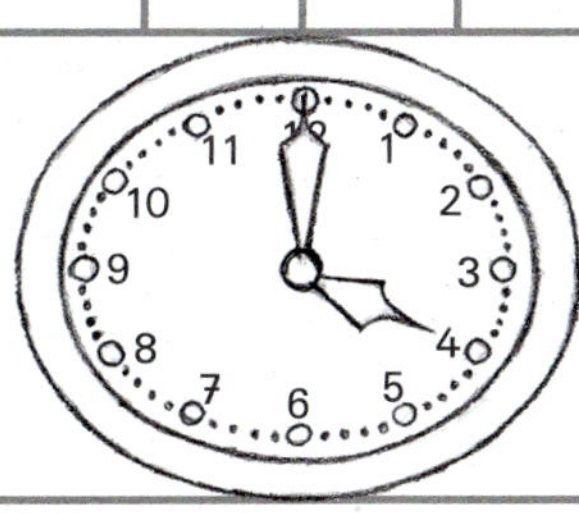

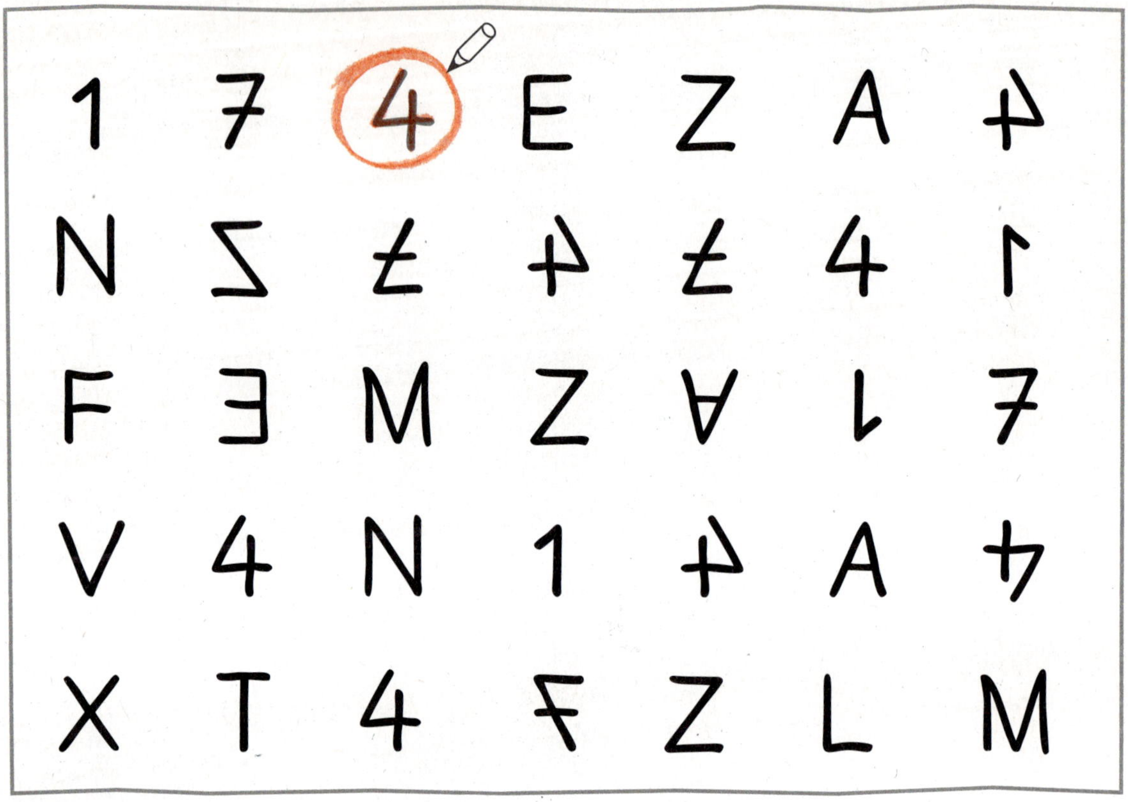

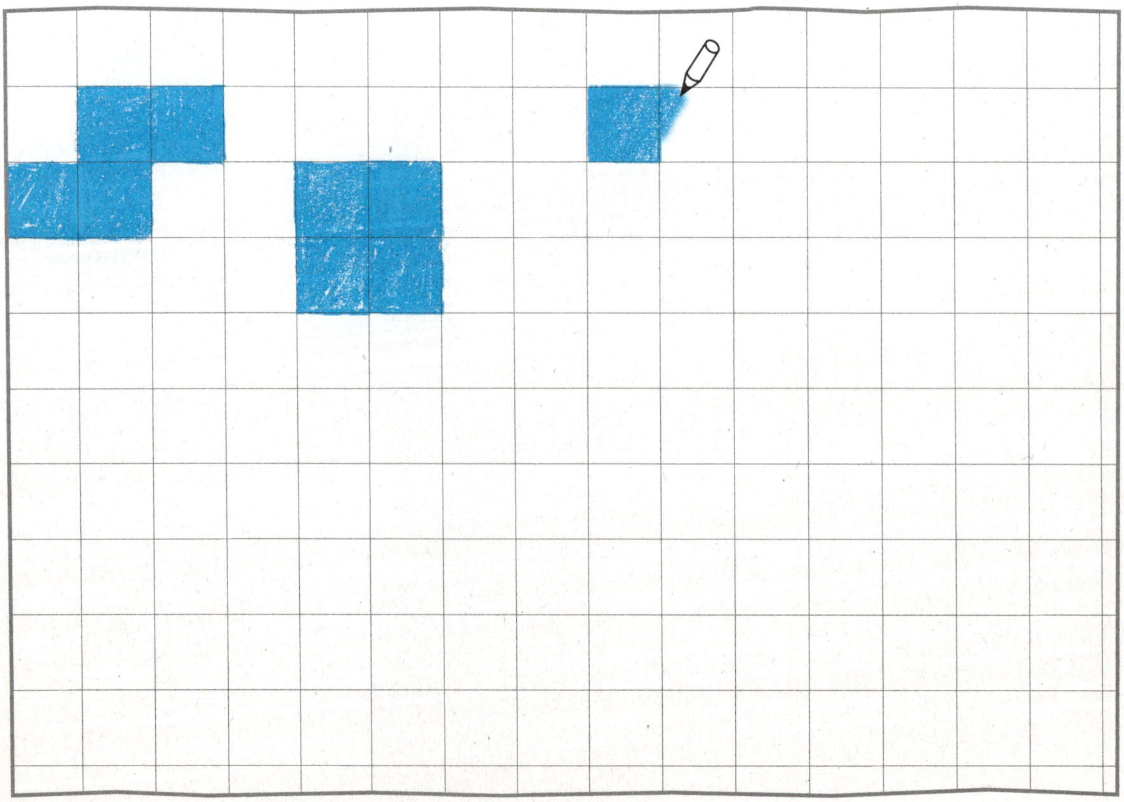

Vier richtige Vieren suchen, mit rotem Buntstift einkreisen und nachschreiben.
Möglichst viele verschiedene Vierlinge malen.

S. 5

Spruch zur Schreibrichtung: *Strich hinab, dann einen Bogen nach rechts, zum Schluss oben gerade nach rechts.*

← S. 5

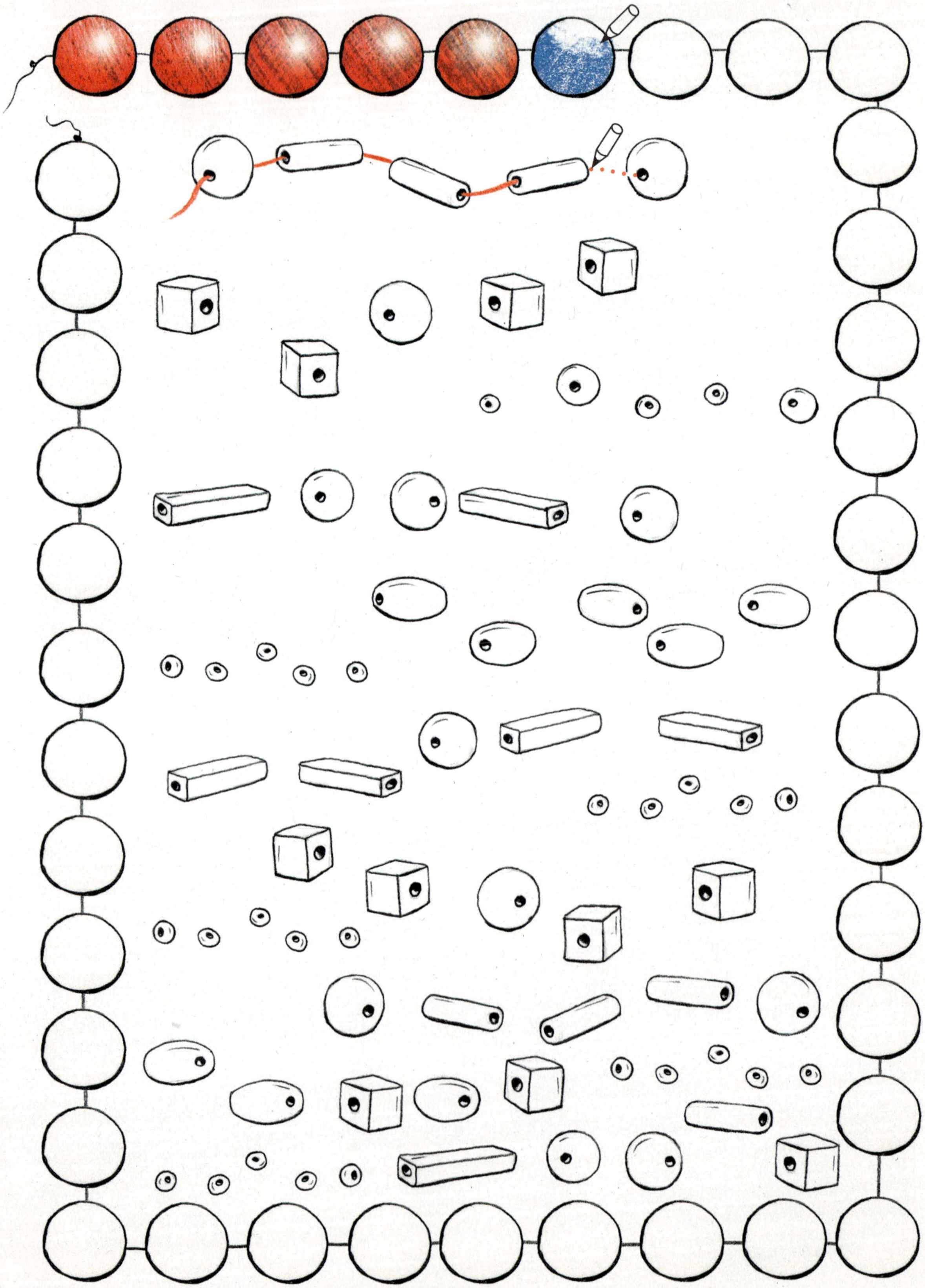

Außenkette: immer 5 Perlen gleich färben.
Jeweils 5 Perlen auffädeln (Schnur zeichnen).

← S. 5

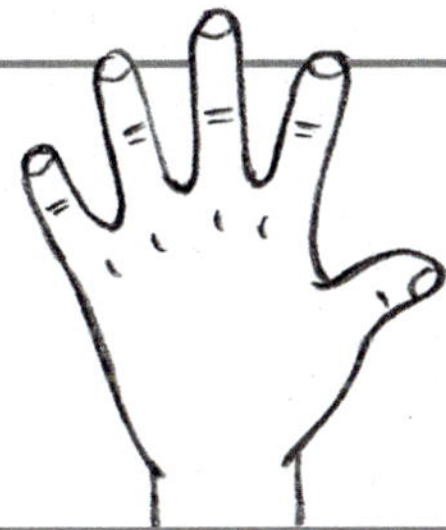

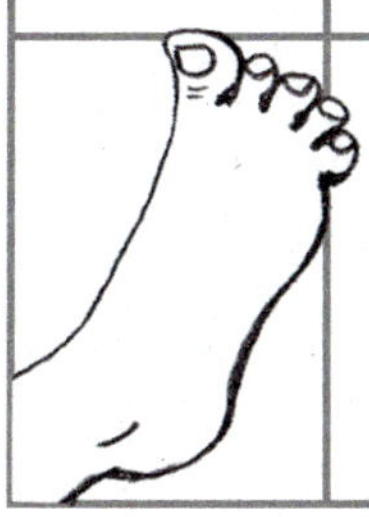

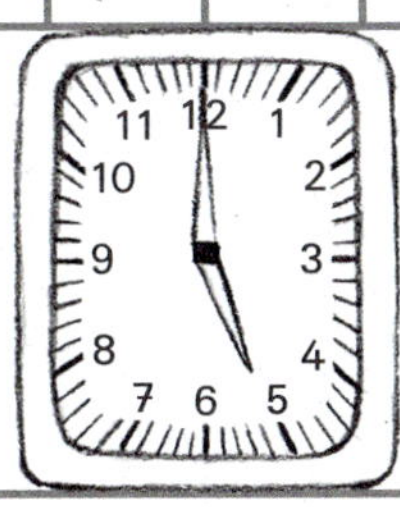

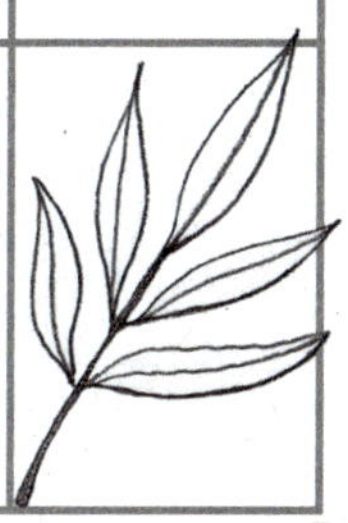

S.6

Spruch zur Schreibrichtung: *Bogen nach links und schnell zu.*

← S.6

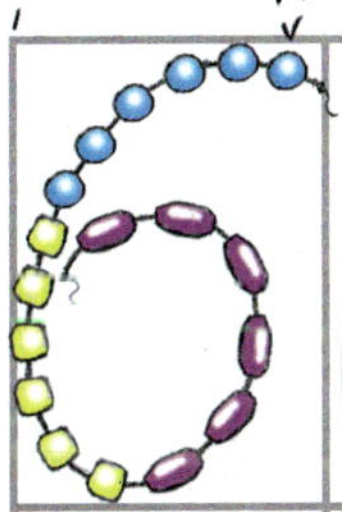

6 6 6 6 6

6

6 6

6

6 6

6

6 6

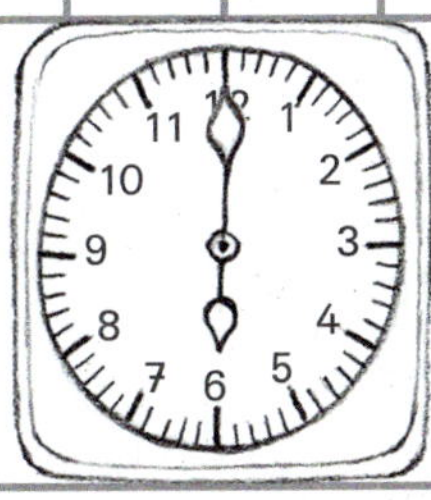

← S. 6

6 6

6 6 6 6 6

6 6 6

5 5

5 5 5 5 5

5 5 5

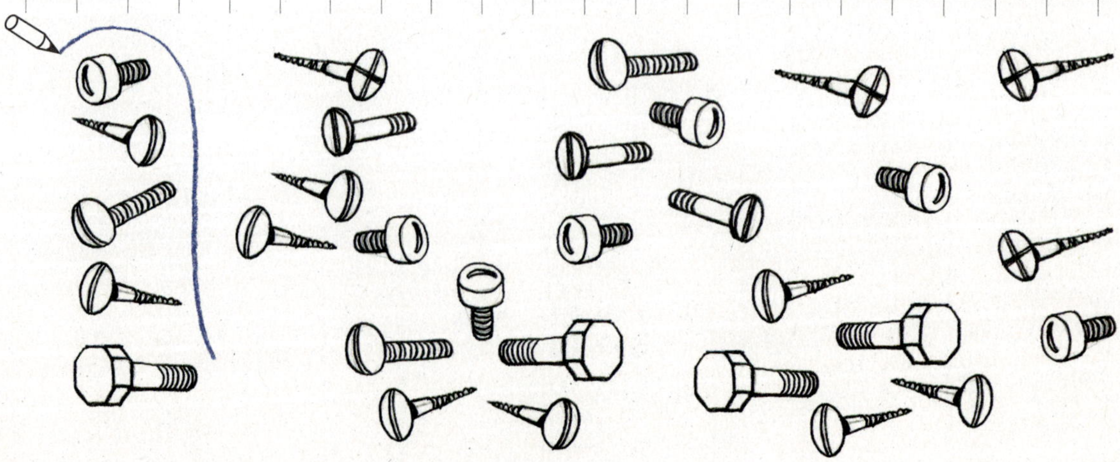

Ziffern schreiben, Mengen einkreisen.

← S.6

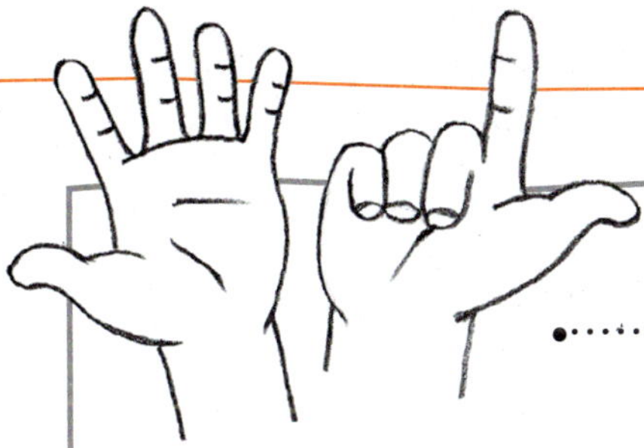

sieben

Spruch zur Schreibrichtung: *Strich nach rechts, dann schräg hinab, Mittelstrich.*

← S.6

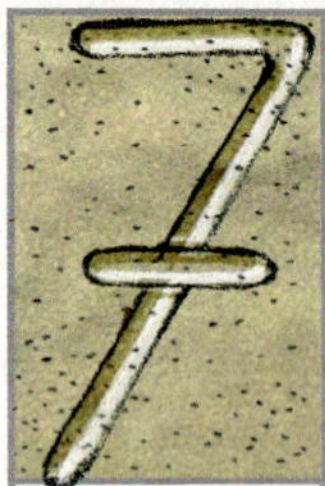

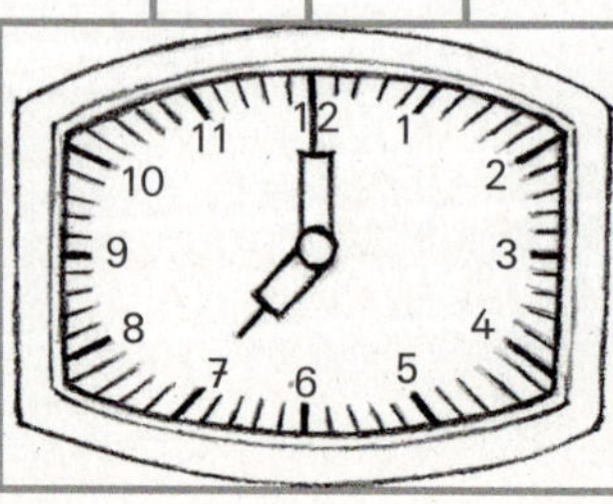

← S.6

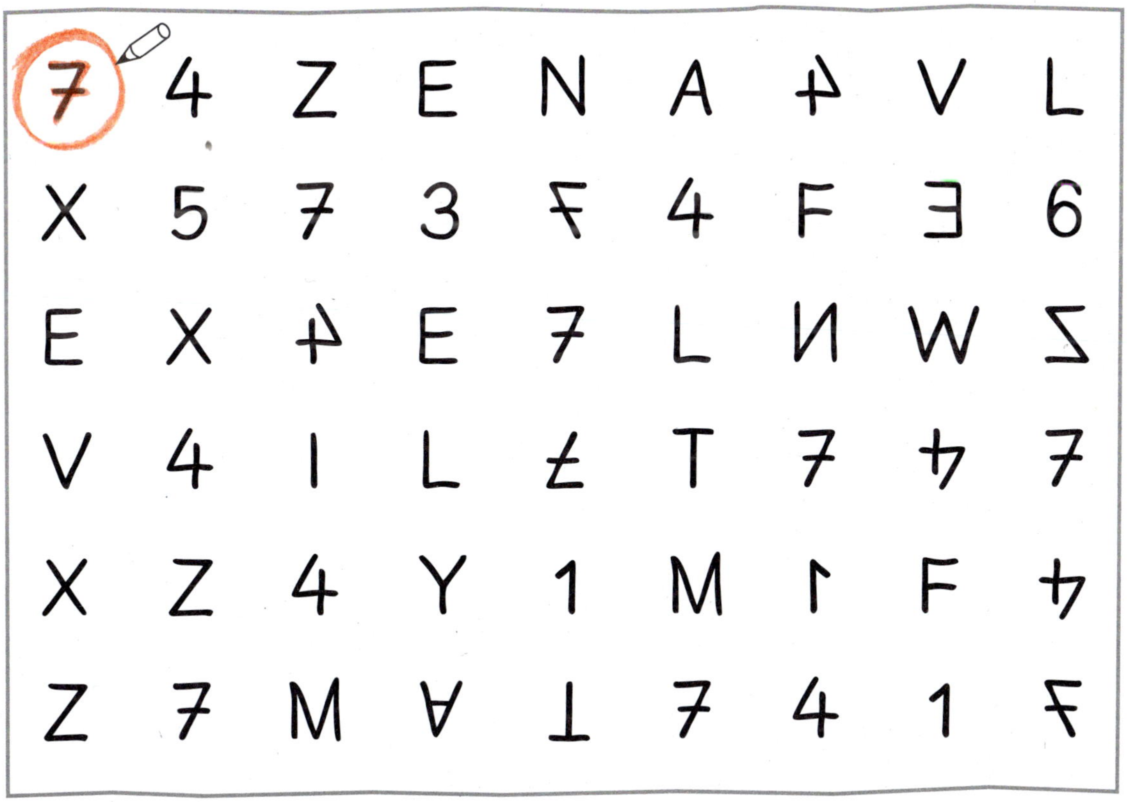

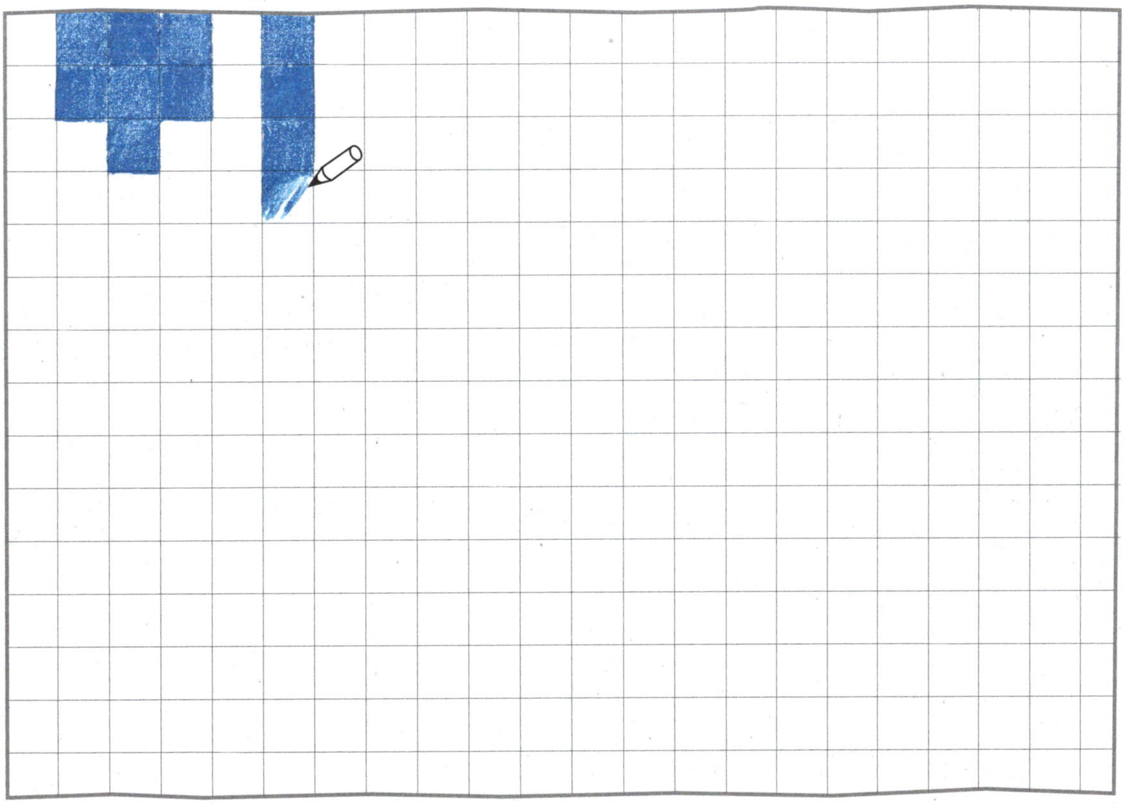

Sieben richtige Siebenen suchen, mit rotem Buntstift einkreisen und nachschreiben.
Möglichst viele verschiedene Siebenlinge malen.

S. 6

Spielsteine durch Zuordnung von Ziffer und Punktmenge vervollständigen.

← S. 6

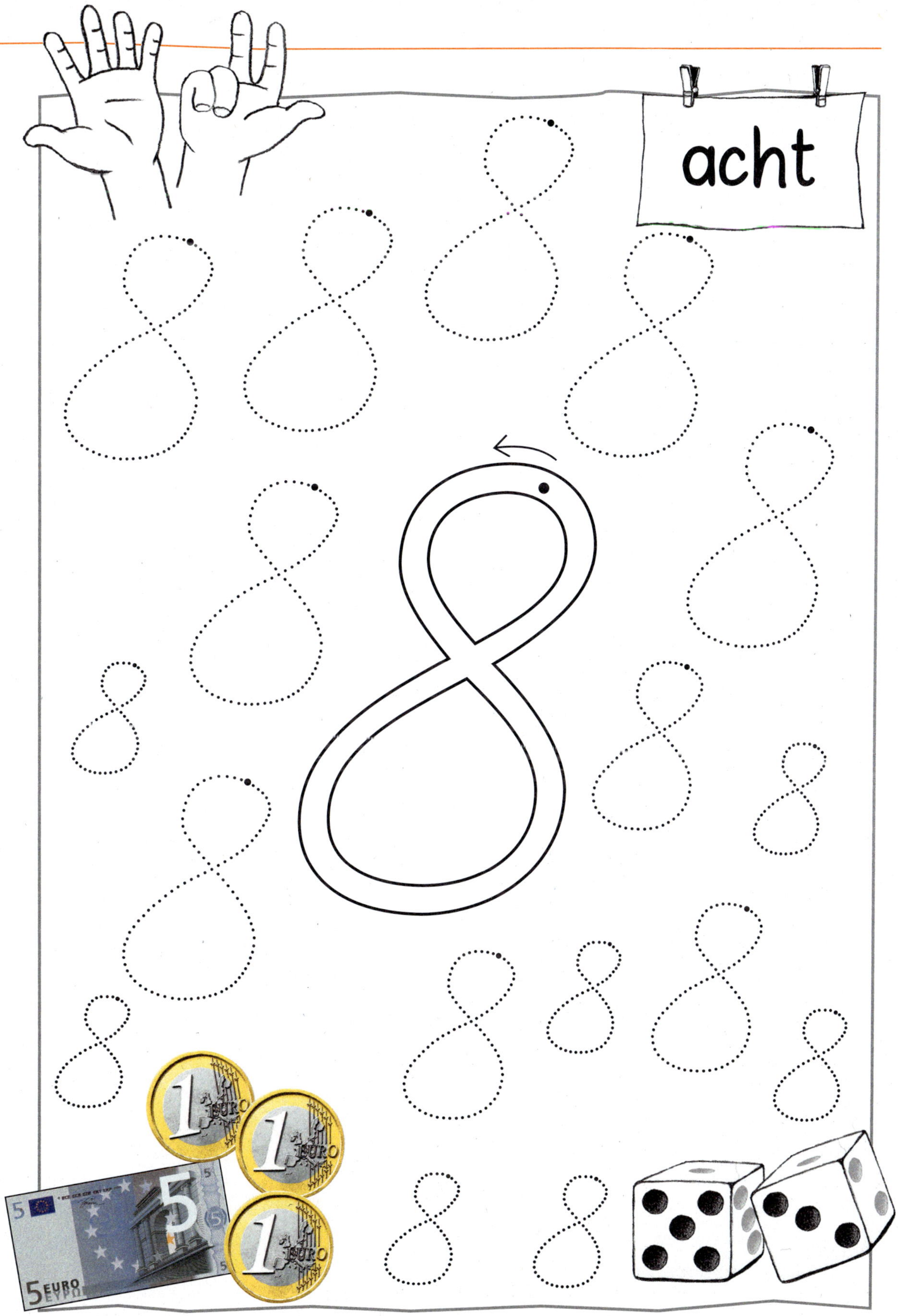

← S.6

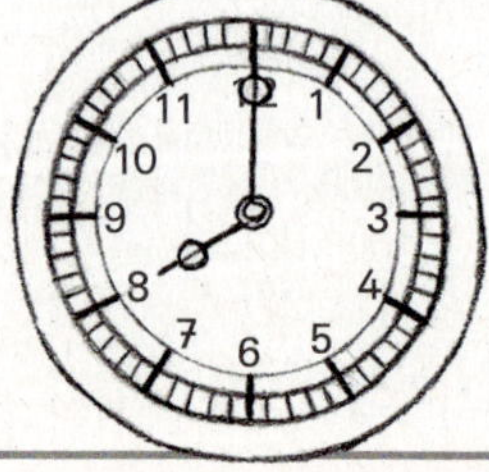

← S.6

8 8

8 8 8 8 8

8 8 8

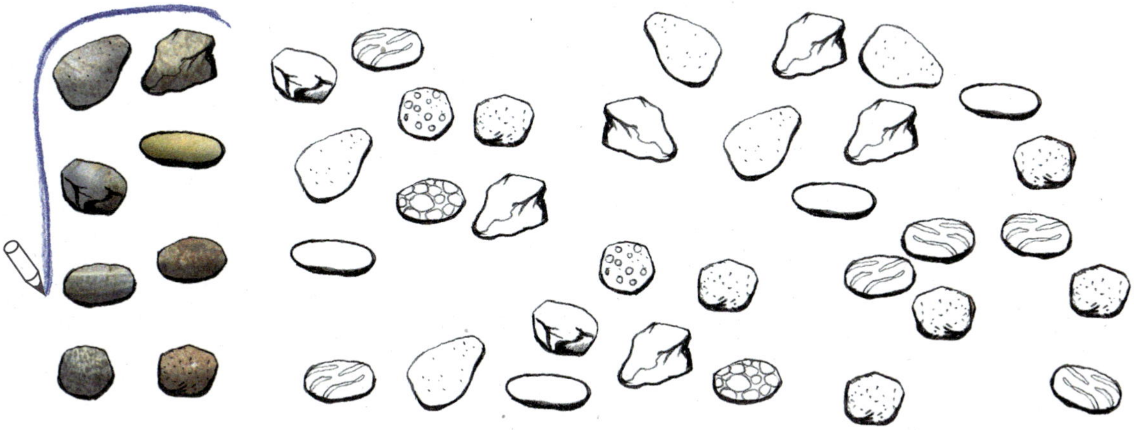

7 7

7 7 7 7 7

7 7 7

Ziffern schreiben, Mengen einkreisen.

← S. 7

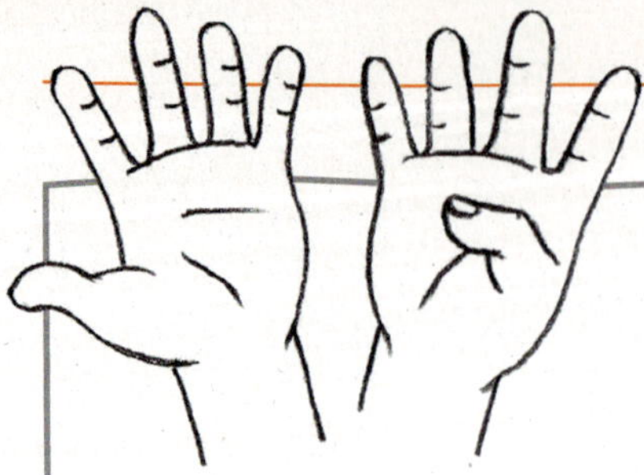

neun

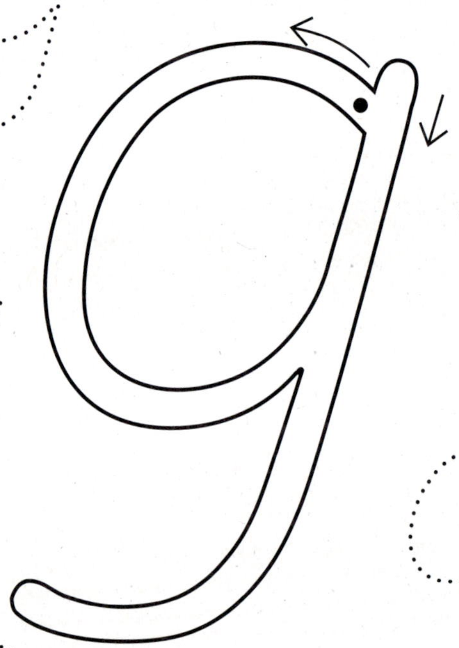

Spruch zur Schreibrichtung: *Bogen nach links und hinauf, Rückwärtsgang hinunter, Bogen nach links.*

← S. 7

g

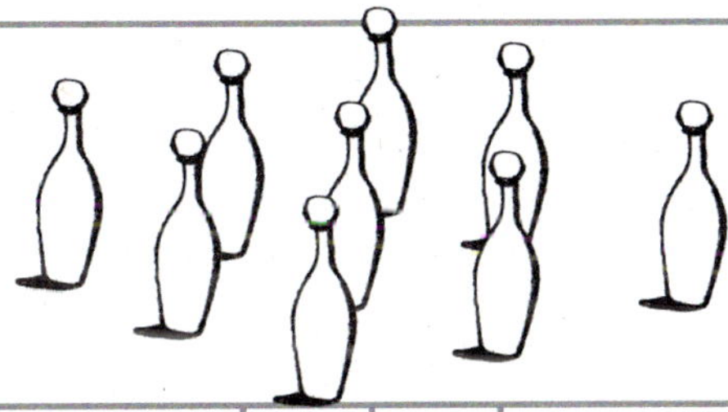

g g

g g

g g

g

g g

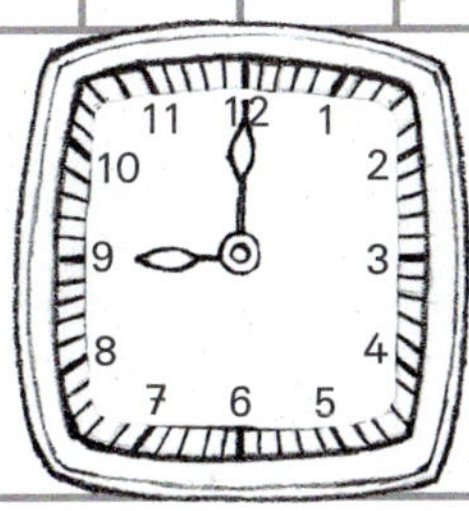

S. 7

„Blitzblick“: Anzahl der Finger möglichst ohne Zählen erfassen und eintragen.
Hände mit gleicher Fingerzahl in der gleichen Farbe färben.

← S. 7

Spruch zur Schreibrichtung: *Links herum hinunter, rechts herum hinauf.*

S. 7

Telefonnummer in digitaler Schreibweise lesen, dazu die Tastenziffern nachschreiben.
Weitere Telefonnummern notieren oder notieren lassen.

12
1
2
3
4
5
6
7
8
9
10
11

1
1 1
1 0
1 0